BEI GRIN MACHT SICH IHR WISSEN BEZAHLT

- Wir veröffentlichen Ihre Hausarbeit,
  Bachelor- und Masterarbeit

- Ihr eigenes eBook und Buch -
  weltweit in allen wichtigen Shops

- Verdienen Sie an jedem Verkauf

Jetzt bei www.GRIN.com hochladen
und kostenlos publizieren

Die Mobilität der Arbeiterklasse in der ersten Hälfte des 20. Jahrhunderts

Simay Dirmenci

Bibliografische Information der Deutschen Nationalbibliothek:

Die Deutsche Nationalbibliothek verzeichnet diese Publikation in der Deutschen Nationalbibliografie; detaillierte bibliografische Daten sind im Internet über http://dnb.d-nb.de abrufbar.

ISBN: 9783346894526
Dieses Buch ist auch als E-Book erhältlich.

TU Darmstadt

Institut für Geschichte

Proseminar: Einführung in die Technikgeschichte

Sommersemester 2016

Die Mobilität der Arbeiterklasse in der ersten Hälfte des 20. Jahrhunderts.

Eingereicht von:
Simay Dirmenci

Inhalt

Einleitung

Das 19. Jahrhundert in Europa war geprägt von technischen Erfindungen jeglicher Art, welche großen und nachhaltigen Einfluss auf den Alltag der Menschen hatten.

Diese Arbeit knüpft an diesen Punkt an und behandelt dies unter der Fragestellung, wie die Entwicklung des Fahrrads die Mobilität der Arbeiterklasse vorangebracht hat und welche Bedeutung das Fahrrad in ihrem Alltag trug. Außerdem beschäftige ich mich mit der Frage, welche soziale und politische Bedeutung das Fahrrad für die Arbeiter mit sich brachte. Nach einer kurzen Einführung in die Entwicklung des Fahrrads, im Laufe des 19. Jahrhunderts, wird sich die Arbeit fast ausschließlich auf die erste Hälfte des 20. Jahrhunderts und auf die Arbeiterklasse begrenzen. In den Vergleichen von den sozialen Klassen, in Hinsicht auf das Fahrrad, werden jedoch auch die 1980er und 1990er Jahre berücksichtigt. Die geographische Eingrenzung fällt hauptsächlich auf Deutschland und die Niederlande, indem wiederholt Parallelen und Unterschiede im Laufe der Hausarbeit aufgegriffen werden.

Bei der verwendeten Literatur handelt es sich überwiegend um Aufsätze aus dem Sammelband „Das Fahrrad. Kultur, Technik, Mobilität.", die das Fahrrad in den historischen soziokulturellen Umfeld einordnen. Dies betrifft nicht nur die Historie, sondern auch die Gegenwart. Die Monographie von Anne-Katrin Ebert hat einen sehr deskriptiven Charakter und bietet einen ausführlichen Einblick in die Kulturgeschichte des Fahrrads, welches sich gut als Einführung eignet. Das Werk von Ruth Oldenziel und Mikael Hard „Consumers, Tinkerers, Rebels. The People who shaped Europe." bietet eine kritische und vor allem technikhistorische Herangehensweise an. In den Buchkapitel, die für diese Arbeit relevant waren, wird anhand der Erfindung des Fahrrads beschrieben, inwieweit es zur Gestaltung bzw. Formung Europas beigetragen hat. Durch die Gegenüberstellung von Deutschland und den Niederlanden und die Darstellung von politischen Aspekten, waren die Artikel von Albert de la Bruhèze gute Ergänzungen. Anzumerken ist, dass sich die Forschung zum 19. Jahrhundert sich nicht nur mit der Sensation des Fahrrads und seines Durchbruchs in der Bourgeoisie beschäftigt, sondern umfasste auch das Thema Gender und der radelnde Frauen. Es wird jedoch deutlich, dass sich die neueste Forschung mit der Entwicklung des Fahrrads und dessen Einfluss auf die sozialen Strukturen Europas im 20. Jahrhundert beschäftigt und das die Meiste Literatur die erste Hälfte des vergangenen Jahrhunderts betrifft. In dem Großteil der Literatur zur Forschung des Fahrrads ist die Arbeiterklasse vertreten und es ist eine intensive Auseinandersetzung zu erkennen.

Das Hauptziel der Arbeit ist es zu zeigen, dass die technische Entwicklung des Fahrrads eine unmittelbare und bedeutend große Wirkung auf das Leben der Arbeiterklasse hatte und eine Zäsur ihn ihrem Alltag darstellte. Zeigen soll die Arbeit nicht nur die Verbesserungen, die das Fahrrad, im alltäglichen Leben bewirkt hat, sondern auch die Veränderung, die es für das Lebensgefühl der Menschen mit sich brachte. Schließlich war das Fahrrad die erste Erfindung, die es ihnen ermöglicht hat, sich aus eigenen Kraft fortzubewegen. Ein wichtiges Augenmerk liegt auf dem Vergleich zur Bourgeoisie, für die das Fahrrad lediglich zum Vergnügen diente und somit eine andere Bedeutung trug als für die Arbeiter. Ein weiteres Ziel dieser Hausarbeit ist es zu zeigen, dass die Fahrradsteuer soziale und politische Probleme und Diskrepanzen zum Vorschein brachte, worunter ausschließlich die Arbeiterklasse gelitten hat. Im Ersten Teil der Hausarbeit werden einführend die Anfänge des Fahrrads im 19. Jahrhundert erläutert. Im zweiten Teil wird der Weg des Fahrrads zum Massenkonsum und seine Entwicklung vom Vergnügensmittel zum Verkehrsmittel, in den ersten Jahrzehnten des 20. Jahrhunderts, behandelt. Der letzte Teil beschäftigt sich letztendlich mit der Fahrradsteuer und der lokalen Politik rund um das Fahrrad.

1. Die Anfänge des Fahrrads

Die Entwicklung des Fahrrads war nicht immer stetig. Im Laufe des 19. Jahrhunderts sind mehrere Varianten des Fahrrads entwickelt worden, die jedoch nicht immer einen wirtschaftlichen Erfolg mit sich brachten. Im Jahre 1817 stellte der Forstbeamte Karl von Drais (1785-1851) seine einspurige Laufmaschine vor, welches später auch Draisine genannt wurde.[1] Das Draisine bestand aus zwei hintereinander angeordneten Rädern, die durch Holzgestell miteinander verbunden waren, auf dem sich der Fahrradsitz befand.[2] Dieser Entwurf von Karl von Drais hatte jedoch viel Verbesserungsbedarf, wie die darauf folgenden Jahrzehnte zeigen sollten. Das Interesse an der Erfindung blieb klein und zudem muss angemerkt werden, dass das Laufrad teuer zu erwerben war und von einem Stellmacher ganz einfach nachgebaut werden konnte.[3] Oft auch wurde das Laufrad als „Kinderspielzeug" bezeichnet.[4] Diese Kritik aus der Bevölkerung kann als Wunsch und Forderung nach Verbesserung und Weiterentwicklung des Fahrrads gesehen werden und könnte als Ansporn für weitere Erfinder gedient haben, die sich ebenfalls speziell mit dem Fahrrad als Fortbewegungsmittel beschäftigten. In Hinsicht auf die folgenden Jahrzehnte kann angenommen werden, dass weitere Erfinder die Kritik wahrgenommen und umgesetzt haben.

Schließlich entwickelte im Jahre 1863 Pierre Lalement (1843-1891) das Laufrad weiter, indem er einen Tretkurbelantrieb anbrachte und konnte seinen neuen Entwurf im Jahre 1866 patentieren lassen.[5] Diese überarbeitete Version des Laufrads löste einen europaweiten Boom aus.[6] 1870 stellten James Starley (1831-1881) und William Hillman (1848-1921) das erste Hochrad „Ariel" vor.[7] Trotz der Tatsache, dass das Fahren einiger Übung bedurfte und besonders das Aufsteigen auf das Hochrad, aufgrund der Höhe, schwierig war, machte das Hochrad das Radfahren in ganz Europa populär.[8] Letztendlich wurde im Jahre 1879 das Niederrad von Harry John Lawson (1852-1925), als erstes Fahrrad mit

---

[1] Vgl. Huth, Benjamin: Drais, Drahtspeichen, Diamantrahmen. Eine kurze Technikgeschichte des Fahrrads, in: Bäumer, Mario/Museum der Arbeit (Hg.): Das Fahrrad. Kultur, Technik, Mobilität, Hamburg 2014, S. 15.

[2] Vgl. Ebd.

[3] Vgl. Ebd.

[4] Vgl. Ebert, Anne-Katrin: Radelnde Nationen. Die Geschichte des Fahrrads in Deutschland und den Niederlanden bis 1940, Frankfurt am Main 2010 (=Campus Historische Studien 52).

[5] Vgl. Huth: S. 17.

[6] Vgl. Ebd.

[7] Vgl. Huth: S. 18.

[8] Vgl. Huth: S. 20.

einem Kettenantrieb vorgestellt.[9] Das Kettenantrieb und die Hebelübersetzung brachten den Hochradfahrer etwas näher an den Boden und auch das Anhalten wurde benutzerfreundlicher, da man nun mit den Beinen den Boden erreichen konnte.[10] Es kann also angenommen werden, dass es die wirtschaftlichen Erfolge dieser Erfindungen und besonders der des überarbeiteten Draisine und des Hochrads waren, die zur Gründung zahlreicher Radclubs in den 1880er Jahren führte.

Trotz der wachsenden Produktion, den sinkenden Preisen und dem günstigen Import war das Fahrrad für den Großteil der deutschen Arbeiter um 1890, immer noch nicht erschwinglich und nur wenige gut verdienende Arbeiter konnten sich ein gebrauchtes Modell leiste.[11] Das Fahrrad war also in seiner Anfangsphase und vor der Jahrhundertwende nur für die Bourgeoisie erschwinglich, da nur diese die finanziellen Mittel zur Verfügung hatten. Für sie war es ein Symbol des emanzipierten und guten Lifestyles.[12] Ihre neugegründeten Fahrradclubs hatten, besonders in den Niederlanden, großen Einfluss auf den Straßenbau und auf die Gestaltung der Touristen-Infrastruktur.[13]

---

[9] Vgl. Huth: S. 21.

[10] Vgl. Ebd.

[11] Vgl. Leibbrand, Oliver: Die roten Radler. Arbeiterradsport Bewegung bis 1933, in: Bäumer, Mario/ Museum der Arbeit (Hgg.): Das Fahrrad. Kultur, Technik, Mobilität, Hamburg 2014, S. 49.

[12] Vgl. De La Bruhèze, Adri Albert/Oldenziel, Ruth: Who Pays, Who Benefits? Bicycle Taxes as Policy Tool of the Public Good, 1890-2012, in: Oldenziel, Ruth/Trischler, Helmuth (Hgg.): Cycling and Recycling. Histories of sustainable Practices, New York 2015 (=Environment in history 7), S.92.

[13] Vgl. Oldenziel, Ruth/Hard, Mikael: Consumers, Tinkerers, Rebels. The People who shaped Europe, Basingstoke 2013 (= Making Europe: Technology and Transformations, 1850-2000), S. 320.

2. Das Fahrrad nach der Jahrhundertwende

2.1. Das Fahrrad als Massenkonsum

Die Zeit nach der Jahrhundertwende, besonders die ersten zwei Jahrzehnte, zeigen nicht nur die Entwicklung des Fahrrads zum Massenkonsum, sondern auch die damit zusammenhängende Entwicklung zur dominantesten Art und Weise der Fortbewegung. Für die veränderte Nutzung des Fahrrads in der Bevölkerung und für die Gruppen, die es nun zunehmend mehr nutzten, gibt es kein einschneidendes Ereignis. Viel mehr spielten verschiedene Umstände, schon vor der Jahrhundertwende eine Rolle. So kann festgehalten werden, dass sich schon um 1900 immer mehr Bevölkerungsschichten für das Fortbewegungsmittel interessiert haben.[14] Die Frage, die man sich in diesem Zusammenhang stellt ist, wie das Luxusgerät des Bürgertums zum Massenkonsum wurde. In diesem Kapitel wird die Beantwortung dieser Frage von wirtschaftlicher Natur sein. Mit der steigenden Popularität, welches im vorherigen Kapitel schon dargestellt wurde, kam es zum Import und Export des Fahrrads innerhalb von Europa. So waren beispielsweise die Niederländer am Ende des 19. Jahrhunderts und am Anfang des 20. Jahrhunderts noch auf importierten englischen und deutschen Fahrrädern unterwegs.[15] Der Produktionsprozess in Deutschland hat sich seit den 1890er Jahren rasant gewandelt, welches zeigt, dass es in Deutschland zu einer früheren Rationalisierung der Fahrradindustrie kam als in den Niederlanden.[16] Durch die Industrialisierung war die maschinelle Herstellung der Fahrräder möglich. So kam es nach der Jahrhundertwende zu einem Preisverfall auf dem deutschen und niederländischen Fahrradmarkt, aufgrund neuer Produktionsmethoden.[17] Ein weiterer Grund für den Preisverfall unmittelbar nach der Jahrhundertwende, besonders in den Niederlanden und in Deutschland, ist die Wechselwirkung zwischen Produktion und Konsumtion, denn die Nachfrage nach dem Fahrrad war seit den 1880ern Jahren deutlich gestiegen.[18]

---

[14] Vgl. Bäumer, Mario: Vom Auf und Ab des Fahrrads. Fahrradmobilität im Wandel, in: Bäumer, Mario/ Museum der Arbeit (Hgg.): Das Fahrrad. Kultur, Technik, Mobilität, Hamburg 2014, S. 157.
[15] Vgl. Ebert, Anne-Kathrin: Das Fahrrad. Deutsch – Niederländischer Vergleich, , in: Bäumer, Mario/ Museum der Arbeit (Hgg.): Das Fahrrad. Kultur, Technik, Mobilität, Hamburg 2014, S. 177.
[16] Vgl. Ebert: Radelnde Nationen, S. 293.
[17] Vgl. Ebert: Radelnde Nationen, S. 291.
[18] Vgl. Dies.: S. 288.

Der Preisverfall war besonders in den Niederlanden bemerkenswert. Hier hatte das teuerste Fahrrad der Firma *Fongers* im Jahre 1989 noch 212,50 Gulden gekostet und schon im Jahr 1906 wurde für dieses Modell nur noch 176 Gulden verlangt.[19] In Städten wie Amsterdam, Rotterdam, Basel und Bremen wurde das Fahrrad zu dem dominantesten Fortbewegungsmittel.[20] Es ist jedoch anzumerken, dass es für einen Arbeiter in Deutschland und den Niederlanden, im ersten Jahrzehnt nach der Jahrhundertwende, noch schwierig war ein Fahrrad zu erwerben, da dieses noch ein Durchschnittsgehalt eines Arbeiters kostete.[21]

Nach dem Ersten Weltkrieg verbesserten sich die Produktionsmethoden und die Fließbandfertigung ermöglichte eine immer größere Verbreitung des Fahrrads.[22] Auch Manufakturen begangen Fahrräder für den intensiven, täglichen Gebrauch herzustellen, indem vor allem die Bremsen verbessert und robuste Standbeine montiert wurden.[23] Erst aufgrund dieser Produktionsmethoden und den Manufakturen wurde die Niederlande ab 1920 der größte Exporteuer von Fahrrädern.[24] Grund für diesen späteren Exporterfolg könnte die spätere Rationalisierung der Fahrradindustrie sein, welches in Deutschland, wie zuvor schon erwähnt, früher eingetreten ist.

In Deutschland und in den Niederlanden sind, laut der Forschung, Ähnlichkeiten in der Entwicklung des Fahrrads zu erkennen. Die Entwicklung zum massenproduzierten Fahrrad hat nicht nur wirtschaftliche Gründe und das eine immense Produktionssteigerung, durch die Industrialisierung in Europa, möglich wurde. Viele Veränderungen hingen auch stark mit neuen Konsumentengruppen und den Konsumpraktiken zusammen:[25]

Es wurden also neue Bevölkerungsgruppen und soziale Gruppen auf das Fahrrad aufmerksam. Dies spielte eine entscheidende Rolle für die Veränderungen des Fahrrads vom Luxusgut des 19. Jahrhunderts zum Massenprodukt des 20. Jahrhunderts. Das Fahrrad wurde zum industriell gefertigten Serienprodukt und sein Image veränderte sich nachhaltig. Schon im Jahre 1927 zeigte eine Studie die Verbreitung des Fahrrads und das jeder dritte Bürger in den Niederlanden einen Fahrrad besaß, während es in Deutschland jeder sechste Bürger war.[26] Laut den Statistiken für die 1930er Jahre gab es in Deutschland

---

[19] Vgl. Ebert: Radelnde Nationen, S.290.
[20] Vgl. Oldenziel/Hard: S. 145.
[21] Vgl. Ebert: Radelnde Nationen, S. 290.
[22] Vgl. Bäumer: S. 157.
[23] Vgl. Oldenziel/Hard: S. 146.
[24] Vgl. Ebert: Radelnde Nationen, S. 291.
[25] Vgl. Dies.: S. 300.
[26] Vgl. Oldenziel/Hard: S. 146.

ungefähr 15 Millionen Räder, in Großbritannien neun Millionen, in Frankreich sieben Millionen und in Belgien nur zwei Millionen.[27] Somit bildete die Technologie des Fahrrads, laut seiner Verbreitung, eine gemeinsame Kultur Europas.[28]

2.2. Vom Vergnügungsmittel zum Verkehrsmittel

Wie schon zuvor erwähnt veränderte sich, im Laufe der Zeit, die Konsumentengruppe des Fahrrads drastisch. Und auch die Konsumpraktiken der neuen Konsumentengruppe unterschieden sich deutlich von der vorherigen Nutzung. So wurde aus dem Luxus- und Vergnügungsmittel der Bourgeoisie der 1880er und 1890er Jahren, sowohl in Deutschland als auch in den Niederlanden, ein Verkehrsmittel der Arbeiterklasse.[29] Zu Berufszwecken wurde das Fahrrad in Deutschland teilweise schon ab 1896 eingesetzt; beispielsweise wurden erste Postfahrräder genutzt.[30] Auch die Polizei, der Telegraphendienst, Feuerwehr in den Niederlanden und viele Behörden in beiden Ländern entdeckten das Fahrrad für berufliche Zwecke.[31]

Was für das Bürgertum des 19. Jahrhunderts lediglich ein Sportgerät und ein Luxusgut zur Profilierung und ein Zeichen ihrer elitären Lebensweise war, hatte für die Arbeiter des 20. Jahrhunderts, besonders in der Zeit der Industrialisierung eine ganz andere Bedeutung. Wenn man bedenkt, dass Fahrräder nach der Jahrhundertwende zunehmend für den Handel und für Dienstleistungen eingesetzt wurden, ist anzunehmen, dass dies die erste intensive Nutzung des Fahrrads durch die Arbeiter und das Kleinbürgertum gewesen sein   muss.

Sowohl in Deutschland als auch in den Niederlanden kann man die größte Zäsur durch das Fahrrad besonders im Alltag der Arbeiter sehen. Das Rad wurde in den Niederlanden und in Deutschland nach 1900 mehr und mehr zum Verkehrsmittel der unteren Mittelschicht und allmählich auch der Arbeiterklasse.[32] Mit der langsamen Verbesserung der

---

[27] Vgl. Ebd.
[28] Vgl. Dies.: S. 317.
[29] Vgl. Ebert: Radelnde Nationen, S. 300.
[30] Vgl. Essler, Henrik: Freiheitssymbol und Krisenhelfer. Das Fahrrad als Arbeitsgerät, in: Bäumer, Mario/ Museum der Arbeit (Hgg.): Das Fahrrad. Kultur, Technik, Mobilität, Hamburg 2014, S. 68.
[31] Vgl. Ebert: Radelnde Nationen, S. 304.
[32] Vgl. Ebert: Das Fahrrad, S. 181.

sozialen und wirtschaftlichen Lage wuchs die Zahl der radelnden Arbeiter.[33] Das Fahrrad bot den Arbeitern, besonders in der Zeit der Industrialisierung, die Möglichkeit morgens zu ihren Arbeitsplätzen, in den Fabriken, zu fahren.[34] Auf diese Art und Weise konnten sie die Strecke zu ihren Arbeitsplätzen deutlich schneller und effizienter bewältigen. Schon allein an diesem Konsumpraktiken ist ein klarer Unterschied zur Bourgeoisie des 19. Jahrhunderts zuerkennen. Die Arbeiter nutzten das Fahrrad in erster Linie nicht zu Vergnügungszwecken, sondern primär als ein Verkehrsmittel und Transportmittel. Doch im Gegensatz zum Bürgertum war das Fahrrad für sie kein Mittel, um ihren Wohlstand und ihren Prestige zu zeigen. Es kann nicht gesagt werden, dass sie auf das Fahrrad als Verkehrsmittel angewiesen und zwangsläufig daran gebunden waren, lediglich war es für sie eine große Hilfe, mit dem sie ihren Alltag einfacher bewältigen konnten. So war es einem Arbeiter, in Deutschland und in den Niederlanden, möglich in eine bessere und günstigere Unterkunft außerhalb der Stadt zu ziehen.[35] Auf diese Weise konnten sie den typischen, beengten und verschmutzen Industriestädten entkommen und in einer eher naturgebundenen Umgebung leben. Damit ging auch besonders die Trennung von Wohnraum und Arbeitsplatz einher. Die soziale und politische Bedeutung des Fahrrads und somit auch die Freizeitgestaltung, die Organisation in Vereinen, der Austausch mit anderen Arbeitern und die Stärkung der Gemeinschaft war für die Arbeiter von großer Relevanz.[36] Schließlich entschied die Mobilität wesentlich über die Möglichkeiten zur Teilnahme am gesellschaftlichen Leben.[37]

Das *Touring Bike* entwickelte sich im Laufe der ersten Hälfte des 20. Jahrhunderts zum „Pferd der Armen".[38] Der Fahrradverkehr in Deutschland und in den Niederlanden war enorm. Zwischen 1920 und 1950 waren niederländische Straßen überflutet mit Fahrradfahrern; die meisten von ihnen Arbeiter und bis in die 1960er Jahre war das Fahrrad das dominanteste Transportmittel.[39] Für Arbeiter in beiden Ländern war das Fahrrad ein sehr wichtiger Teil ihres Alltags und ausschlaggebend für die Koordinierung ihres Alltags. Es ermöglichte ihnen eine gewisse Unabhängigkeit, da sie sich mit eigener Kraft, in einer geringeren Zeit, von einem Ort zum anderen, bewegen konnten und trug erheblich ihrer

---

[33] Vgl. Leibbrand: S. 49.
[34] Vgl. Oldenziel/Hard: S. 145.
[35] Vgl. Leibbrand: S. 49.
[36] Vgl. Ebd.
[37] Vgl. Bäumer: S. 158.
[38] Vgl. Oldenziel/Hard: S. 145.
[39] Vgl. De la Bruhèze/Oldenziel: S. 78ff.

Lebensqualität bei, da sie sich nun ihren Wohnort aussuchen konnten, ohne sich zwangsläufig Gedanken über den längeren Arbeitsweg zu machen. Außerdem war es für sie jetzt möglich Wochenendausflüge mit ihren Familien zu unternehmen. Für Händler war das Fahrrad ein gutes Transportmittel für ihre Waren, mit dem sie sehr viel Arbeitskraft und Zeit sparten. Ein amerikanischer Journalist schrieb 1934, dass in den Niederlanden das Fahrrad fast schon als ein Teil des Körpers gesehen werden kann, da jeder zweite Bürger, überwiegend Arbeiter, ein Fahrrad besaß.[40] Die, durch das Fahrrad, erlangene Mobilität stellte also in vielerlei Hinsicht eine Zäsur im Leben der Arbeiter dar.

3. Die Fahrradsteuer

Das Fahrrad erreichte nicht nur seine höchste Popularität durch die Arbeiterklasse, sondern wurde auch oft zur Zielscheibe der lokalen Politik. Dies betraf sowohl die radelnden Arbeiter in den Niederlanden, als auch in Deutschland. Das Fahrrad wurde, zwischen 1920 und 1940, von politischen Akteuren in beiden Ländern als langsames, altmodisches, gefährliches und utilitarisches Verkehrsmittel der Arbeiterklasse angesehen.[41] Nichtsdestotrotz waren es die niederländischen Fahrradfahrer, die von der Fahrradsteuer betroffen waren. Schon im Jahre 1899 wurde in den Niederlanden eine Fahrradsteuer eingeführt, welche 1919 wieder ab geschaffen wurden.[42] Und schon in der Zeitperiode zwischen 1920 und 1940 ging die Debatte um die Fahrradsteuer, in den Niederlanden, in ihre zweite Phase.[43] Denn sowohl dort als auch in Deutschland wurde das Fahrrad zum Thema der lokalen Politik und der Endscheidungsträger.[44] Inzwischen hatte sich die Bourgeoisie nach dem ersten Weltkrieg von dem Fahrrad abgewendet und war auf das Automobil umgestiegen. Ein Konflikt zwischen der Arbeiterklasse und der Bourgeoisie, darüber wie

---

[40] Vgl. Oldenziel/Hard: S. 146.
[41] Vgl. De la Bruhèze/Oldenziel: S. 92.
[42] Vgl. Ebert: Radelnde Nationen, S. 283.
[43] Vgl. Ebd.
[44] Vgl. De la Bruhèze, Adri Albert/Emmanuel, Martin: European bicycling. The politics of low and high culture: taming and framing cycling in twentieth-century Europe, in: Journal of transport history 33/1, Manchester 2012, S. 64.

die Straßen genutzt werden sollte, schürte sich und wurden in die Konsolen und Parlamente getragen.[45] In den Niederlanden wurde die Popularität und die Dominanz des Fahrrads als Verkehrsmittel deutlich ignoriert. Doch gerade in der Dominanz des Fahrrads sah der Staat und die Regierung die Möglichkeit, die Einkünfte mit einer erneuten Fahrradsteuer zu erhöhen.[46] Die Autofahrer aus der mittleren Klasse und dem Bürgertum wurden als Ausdruck der Freiheit gefeiert[47] und erneut kam es zur Ignoranz gegenüber der Arbeiter. In der Frage, wie die Städte, nach dem ersten Weltkrieg nun gebaut und konstruiert werden sollten, hatten Ingenieure und Stadtplaner nun die Idee einer nahtlosen, Automobil-beherrschten Zukunft.[48] Auf den ersten Blick fällt nicht nur auf, dass die Fahrradfahrer in dieser Planung ausgeschlossen wurden, obwohl sie den größten Teil des Verkehrs bildeten, sondern auch die erneute Privilegierung des Bürgertum, welche nun die Autofahrer darstellten. Als also noch im Jahre 1924 eine erneute Fahrradsteuer eingeführt wurde, löste das Proteste seitens der Arbeiterklasse, Beamten und der Touristenorganisation ANWB („Algemene Nederlandse Wielrijdersbond") aus.[49] Die Fahrradsteuer brachte für die Arbeiter, trotz den Bemühungen der ANWB, den Fahrradverkehr mehr in die Stadtplanung einzubeziehen, nichts anderes zum Ausdruck als soziale Ungerechtigkeit. Es waren im Endeffekt die Arbeiter, die von einer Steuer dieser Art finanziell extrem betroffen waren.[50]

Mit der Tatsache, dass die gezahlten Fahrradsteuern zusammen mit der Automobilsteuer in die Straßenfonds flossen, unterstrich darüber hinaus die soziale Diskrepanz und die Ungerechtigkeit gegenüber der Arbeiterklasse. Denn die Straßenfonds brachte den Automobilnutzern sehr viele Vorteile, obwohl ihre Anzahl im Vergleich zu den Fahrradfahrer deutlich niedriger war. Von einem Gulden, der von jeweils einem Radler bezahlten Steuer wurden nur 14 Cent in Fahrradwege investiert, während das Meiste von den Autofahrern gezahlten Steuer für neue Autostraßen investiert wurden.[51] Letztendlich zahlten die Fahrradfahrer sieben Mal mehr, als tatsächlich in die Fahrradwege investiert wurde.[52]

---

[45] Vgl. Ebd.
[46] Vgl. De la Bruhèze/Oldenziel: S. 77.
[47] Vgl. Oldenziel/Hard: S. 125.
[48] Vgl. Dies. S. 128.
[49] Vgl. De la Bruhèze/Oldenziel: S. 80.
[50] Vgl. Dies.: S. 84.
[51] Vgl. De la Bruhèze/Oldenziel: S. 82.
[52] Vgl. Ebd.

Selbst die gebauten Fahrradwege waren nicht für den Komfort und die Sicherheit der Fahrradfahrer gebaut, sondern lediglich nur um den motorisierten Verkehr nicht zu verhindern.[53] Dies zeigt deutlich, wie die Fahrradfahrer, die den größten Anteil des Verkehrs darstellten, von den Straßen verdrängt wurden, für die ihre Steuern investiert wurden. Der niederländische Sozialist Florentinus Wibaut (1859-1936) stellte in den 1920er Jahren die Fahrradsteuer in Frage, da diese unverhältnismäßig von den Arbeitern eingetrieben werde.[54] Laut ihm sei die Fahrradsteuer erzeugt vom Proletariat selbst und eine ungleiche Last für die Arbeiter, da für sie das Fahrrad die gleiche Bedeutung trüge, wie Schuhe für andere Menschen.[55] Das Beispiel der Fahrradsteuer zeigt, dass das Fahrrad nicht nur mit Massentransport- und verkehr verwoben ist, sondern auch mit der Politik und Klassenordnung. Durch die Benachteiligung der Arbeiterklasse und eine klare Privilegierung der Bourgeoisie kann man annehmen, dass das Fahrrad für die Arbeiterklasse nun auch soziale und politische Bedeutung bekam. Denn das Bürgertum, dass auf das Auto umgestiegen ist, stellte einen deutlichen kleineren Teil des Verkehrs dar und trotzdem wurden sie in den Entscheidungen des Staates mehr bedacht und bevorzugt als die Arbeiter.

Auch in Deutschland stand eine Debatte um eine Fahrradsteuer auf der politischen Agenda. Fahrradfahrer wurden hier für den explosiven Anstieg des Verkehrs und die steigenden Zahlen der Unfälle verantwortlich gemacht.[56] Letztendlich wurde in Deutschland keine Fahrradsteuer eingeführt, die die radelnden Arbeiter zusätzlich belastet hätte.[57] Doch auch sie wurden mit den ersten Experimenten von Autobahnen immer weiter aus dem Verkehr ausgeschlossen.[58] Die Technologien des 20. Jahrhunderts haben zwar in gewisser Hinsicht Menschen zusammengebracht, doch es waren die gleichen Technologien, die die Menschen teilten, indem sie Klassen, Gender und ethnische Unterschiede schafften.[59] Genau diese Zusammenführung und besonders die erneute Spaltung der Menschen in soziale Klassen und die Unterstreichung der Klassenhierarchie machte das Fahrrad deutlich.

---

[53] Vgl. Dies.: S. 79.
[54] Vgl. Oldenziel/Hard: S. 150.
[55] Vgl. Ebd.
[56] Vgl. Dies.: S. 147.
[57] Vgl. Ebert: Radelnde Nationen, S. 399.
[58] Vgl. Oldenziel/Hard: S. 147.
[59] Vgl. Oldenziel/Hard: S. 318.

Fazit

Im 19. Jahrhundert gab es zahlreiche technologische Erfindungen und Fortschritte. Diese wurden, sowohl in Deutschland als auch in den Niederlanden, jedoch erst im 20. Jahrhundert für die breitere Masse bedeutsam. In Hinsicht auf das Fahrrad ist klar festzuhalten, dass dieses erst nach 1900 auch für die große Masse der Arbeiter relevant wurde. Das Fahrrad bot ihnen die allererste Möglichkeit der Mobilität und kann für sie als klare Zäsur gesehen werden. Bevor das Fahrrad in den ersten zwei Jahrzehnten für die Arbeiter erschwinglich wurde, mussten viele von ihnen ihre Arbeitsweg zu Fuß bewältigen. Mit der steigenden Popularität des Fahrrads und den sinkenden Preisen, konnten sie ihren Alltag mit dem Individualverkehrsmittel schneller und einfacher bewältigen. Diese Entwicklung brachte einige Veränderungen mit sich. So konnten viele Arbeiter in eine schönere und naturgebundene Unterkunft außerhalb der Stadt ziehen. Das Fahrrad hat also nicht nur eine Zäsur in ihrem Alltag, in Bezug auf die neu erlangte Mobilität, dargestellt. Es hat auch erheblich ihrer Lebensqualität beigetragen und durch die Möglichkeit, sich ihren Wohnort selbst auszusuchen, auch eine neue Freiheit und ein neues Lebensgefühl ermöglicht. Hierbei wird der Unterschied zwischen der radelnden Bourgeoisie des 19. Jahrhunderts und der radelnden Arbeiter in der ersten Hälfte des 20. Jahrhunderts deutlich, da das Fahrrad für die Bourgeoisie ein Sport- und Luxusgerät darstellte. Von einer Unverzichtbarkeit des Fahrrads für die Arbeiter kann man nur bedingt sprechen, da es für sie nichts Notwendiges darstellte, sondern lediglich eine praktische Ergänzung für ihren Alltag. Jedoch gewann das Fahrrad, durch die Fahrradsteuer in den Niederlanden und der lokalen Politik in Deutschland, an sozialer und politischer Bedeutung. Die Fahrradsteuer unterstrich die politische Benachteiligung der Arbeiter und die soziale Hierarchie. Die Steuer stellte für die Arbeiter in den Niederlanden eine finanzielle Belastung dar und nur ein kleiner Bruchteil ihrer Steuern wurden, während Rekonstruktion der Straßen, in neue Fahrradwege investiert. Der Rest ihrer Steuern wurde für den Bau von Straßen genutzt, welche jedoch nur von dem Bürgertum benutzt wurde, die nun auf das Automobil umgestiegen waren. Nicht nur die Spaltung der Bürger in soziale Klassen wird anhand des Fahrrads deutlich, sondern auch die Hierarchie zwischen den sozialen Klassen und die klare Bevorzugung der mittleren Schicht und des Bürgertums.

Literaturverzeichnis

Bäumer, Mario: Vom Auf und Ab des Fahrrads. Fahrradmobilität im Wandel, in: Bäumer, Mario/ Museum der Arbeit (Hgg.): Das Fahrrad. Kultur, Technik, Mobilität, Hamburg 2014, S. 157-161.

De la Bruhèze, Adri Albert/Emmanuel, Martin: European bicycling. The politics of low and high culture: taming and framing cycling in twentieth-century Europe, in: Journal of transport history 33/1, Manchester 2012, S. 64-65.

De La Bruhèze, Adri Albert/Oldenziel, Ruth: Who Pays, Who Benefits? Bicycle Taxes as Policy Tool of the Public Good, 1890-2012, in: Oldenziel, Ruth/Trischler, Helmuth (Hgg.): Cycling and Recycling. Histories of sustainable Practices, New York 2015 (=Environment in history 7), S. 73-93.

Ebert, Anne-Kathrin: Das Fahrrad. Deutsch – Niederländischer Vergleich, , in: Bäumer, Mario/ Museum der Arbeit (Hgg.): Das Fahrrad. Kultur, Technik, Mobilität, Hamburg 2014, S. 177-185.

Ebert, Anne-Katrin: Radelnde Nationen. Die Geschichte des Fahrrads in Deutschland und den Niederlanden bis 1940, Frankfurt am Main 2010 (=Campus Historische Studien 52), S. 283-305.

Essler, Henrik: Freiheitssymbol und Krisenhelfer. Das Fahrrad als Arbeitsgerät, in: Bäumer, Mario/ Museum der Arbeit (Hgg.): Das Fahrrad. Kultur, Technik, Mobilität, Hamburg 2014, S. 68-73.

Huth, Benjamin: Drais, Drahtspeichen, Diamantrahmen. Eine kurze Technikgeschichte des Fahrrads, in: Bäumer, Mario/Museum der Arbeit (Hg.): Das Fahrrad. Kultur, Technik, Mobilität, Hamburg 2014, S. 15-21.

Leibbrand, Oliver: Die roten Radler. Arbeiterradsport Bewegung bis 1933, in: Bäumer, Mario/ Museum der Arbeit (Hgg.): Das Fahrrad. Kultur, Technik, Mobilität, Hamburg 2014, S. 49.

Oldenziel, Ruth/Hard, Mikael: Consumers, Tinkerers, Rebels. The People who shaped Europe, Basingstoke 2013 (= Making Europe: Technology and Transformations, 1850-2000), S. 125-321.